OBSERVATIONS PRATIQUES

FAITES EN ORIENT

SUR LA MALADIE ACTUELLE

DES VERS À SOIE,

ET

NOTE SUR LA CULTURE DES MÛRIERS

EN TURQUIE.

OBSERVATIONS PRATIQUES

FAITES EN ORIENT

SUR LA MALADIE ACTUELLE

DES VERS A SOIE,

ET

NOTE SUR LA CULTURE DES MÛRIERS

EN TURQUIE.

OBSERVATIONS PRATIQUES

FAITES EN ORIENT

SUR LA MALADIE ACTUELLE

DES VERS A SOIE,

ET

NOTE SUR LA CULTURE DES MÛRIERS

EN TURQUIE;

PAR M. B.-J. DUFOUR,

D'ANNONAY (ARDÈCHE), NÉGOCIANT À CONSTANTINOPLE.

PARIS.

IMPRIMÉ PAR AUTORISATION DE M. LE GARDE DES SCEAUX

A L'IMPRIMERIE IMPÉRIALE.

M DCCC LX.

OBSERVATIONS PRATIQUES

FAITES EN ORIENT

SUR LA MALADIE ACTUELLE

DES VERS A SOIE.

Le 20 décembre 1857, nous avons remis, en notre qualité de premier député du commerce français à Constantinople, à M. l'Ambassadeur de France près la Porte ottomane un mémoire « sur la sériciculture en Orient, dans ses rapports avec l'Occident, » pour être transmis à la haute administration. Son Excellence M. Thouvenel avait bien voulu nous témoigner alors le désir de voir terminer le travail d'observations séricicoles commencé lors du passage du régénérateur de la race *sina*, que M. le Ministre de l'agriculture et du commerce avait envoyé en mission dans le Levant au commencement de la même année. Ce mémoire était d'ailleurs le complément des renseignements que nous avions procurés à M. Dorel, notre honorable compatriote, et que nous avons complétés par des expériences contradictoires après le départ de ce sériciculteur.

Nous débutions, dans ce mémoire, par exposer que la maladie qui depuis quinze ans avait porté ses ravages du fond de l'Espagne jusqu'en Grèce, ou plutôt jusqu'en Turquie, semblait, après avoir épuisé dans l'Archipel le

2.

reste de ses forces destructives, s'être arrêtée aux Dardanelles, comme au terme fatal de sa course épidémique. Nous disions déjà à cette époque que, malgré quelques cas isolés qui avaient signalé l'apparition de l'épidémie dans les provinces de Thessalie, de Roumélie et d'Anatolie, on ne pouvait consciencieusement arguer de là, comme le faisaient certains alarmistes, que ce fléau ne respecterait pas plus cette terre promise de la sériciculture que les régions occidentales qu'il continuait à ravager.

Nous ajoutions ensuite que, malgré la quiétude qui pouvait résulter pour nous de toutes les investigations minutieuses et répétées que nous avions faites au sujet de ces rares symptômes de l'épidémie, nous avions continué à rechercher les causes probables de cette heureuse exception, avec d'autant plus de persévérance que notre ferme espoir en la continuation de cet état normal paraissait être assez justifié par deux causes :

D'abord, par l'influence climatérique;

Ensuite, par l'éducation des vers à soie.

L'influence climatérique, disions-nous, doit avoir certainement contribué à tenir le terrible fléau éloigné de ces contrées; car, si les essais qui y ont été faits avec des graines de France et d'Italie n'ont pas réussi, on ne peut attribuer ces insuccès qu'au germe de la maladie dont les graines étaient infectées. C'est d'autant plus probable que les graines de Roumélie et d'Anatolie ont donné en France et en Italie des produits qui ont offert, jusqu'à un certain point, des conditions favorables à la reproduction, et cela malgré l'atmosphère épidémique au milieu de laquelle l'éducation a été faite. Ceci établi, en thèse générale, nous ne laisserons pas, pour être explicite, de faire remarquer que les quelques symptômes de l'épidémie que nous avons signalés ont apparu dans les plaines, et non dans les montagnes de la Turquie, etc. Mais ce qui, suivant toutes les apparences, a le plus contribué à prémunir les races de ces contrées contre l'intensité du fléau, c'est la rustique éducation qui y est pratiquée par les indigènes; et voici comment elle a lieu : d'abord, les magnaneries où l'on élève les vers à soie sont des greniers ou de simples hangars très-aérés où l'on ne fait jamais de feu; c'est aussi pour cela qu'on fait éclore les graines suivant que la température le commande. Les vers, qui sont ensuite installés au rez-de-chaussée sur des nattes et aux étages supérieurs sur le plancher, ne sont jamais délités que lorsqu'il faut les espacer; ce qui, du reste, importe peu, attendu que les feuilles leur sont servies attachées aux branches, lesquelles sont croisées de manière à laisser facilement pénétrer l'air, qui dessèche rapidement les quelques feuilles qui ont pu ne pas être consommées. Comme on voit, les vers vivent et grandissent en quelque sorte à l'état sauvage, sauf que la nourriture ne leur fait jamais défaut et qu'ils sont abrités contre l'extrême intempérie. En vérité, ce système, si système il y a, comporte, ce semble, de très-bonnes conditions de réussite. Ainsi, l'éclosion n'a jamais lieu à contre-temps; les vers, qui ne sont jamais tourmentés pendant leurs mues, font dans leur état normal un exercice des plus salutaires, en grimpant de rameau en rameau; leur nourriture est toujours fraîche et exempte de mauvaise odeur, par cela même que les feuilles, restant attachées aux branches, ne sont jamais souillées par des mains sales. Ce qu'il y a enfin de plus heureux dans ces conditions d'hygiène pour ainsi dire naturelle, c'est que l'économie domestique séricicole y trouve aussi son compte, car il faut un moins grand nombre de personnes pour ramasser et distribuer les feuilles.

Relativement à la culture du mûrier, dont nous parlions aussi, nous réservons ici certaines considérations que nous exposerons dans le cours de ce mémoire d'une manière plus explicite. Là se trouve, suivant nous, le point culminant de cette question, qui préoccupe à un si haut point les savants et les sériciculteurs sérieux. Nous voulons parler de la découverte des vraies causes de l'épidémie et des moyens pour en garantir ces précieux insectes, dont le produit intéresse des populations tout entières et touche de si près à la fortune publique. Nous reviendrons aussi sur la question spéciale des magnaneries, qui se trouve liée d'une manière relative à la principale. Nous serons alors amené à parler de l'éducation des vers comme elle est pratiquée en Turquie, éducation qui offre vraiment des avantages notoires sous bien des rapports.

A la suite de ces questions spéciales, nous constations les diverses fraudes du commerce des graines, et signalions à la sollicitude de la haute administration des moyens qui nous paraissaient faciles à appliquer et efficaces pour empêcher ces fraudes, tout en respectant la liberté du commerce.

Les données que nous venons d'esquisser avaient été relatées par nous avec la conviction profonde que l'épidémie était impuissante contre les races de la Turquie, et cela malgré les désastres causés à la récolte de 1857 par la basse température, qui a varié pendant tout le temps de l'éducation de 8 à 11 degrés.

La campagne de 1858 ayant été faite en quelque sorte

dans les mêmes conditions de température, et, par suite, le résultat ayant été à peu près le même, nous nous sommes borné à rapprocher les effets des causes, en nous basant toutefois sur la différence des symptômes. Cette étude, loin de nous faire revenir de notre première opinion, nous a confirmé dans notre conviction sur l'absence de l'épidémie en Turquie. Notre conviction, à cet égard, était corroborée par la comparaison que nous avions faite entre deux éducations, dont l'une, traitée suivant les errements du pays, succombait toute sous la pernicieuse influence de la température de 8 à 11 degrés dans un local fermé, mais sans feu, pendant que nous retirions de l'autre éducation une récolte de 55 kilogrammes pour 31 grammes de graines (110 livres pour 1 once), en gros cocons bien fournis, d'une dureté remarquable. Ces vers, issus de la même graine que les premiers, avaient été poussés au bois en vingt-cinq jours, avec une chaleur non interrompue de 22 à 25 degrés, l'air étant continuellement renouvelé de tous les côtés de l'appartement par un courant imperceptible. Cependant nous nous sommes abstenu, en 1858, de tout rapport à la haute administration, par cela même que nous comprenions que nous ne possédions pas encore tous les documents voulus pour combattre avec succès les préventions qui avaient fini par envahir l'opinion séricicole, voire même les hautes régions de la science. Mais, sans condescendance pour les renseignements contradictoires qui nous parvenaient de diverses contrées de l'Occident en réponse à nos investigations, nous avons continué nos études d'une manière plus approfondie et plus détaillée, tout en suivant notre thème « de la sériciculture en Orient dans ses rapports avec l'Occident. » En conséquence, après avoir noté que les symptômes de la maladie qui avait emporté les vers pendant les désastreuses campagnes de 1857 et de 1858 étaient : pattes noires, brûlées, et une espèce de ramollissement avec diarrhée au quatrième âge, nous sommes remonté à la source de chaque branche de la sériciculture, entièrement dégagé des préjugés des éducateurs en général et des préventions des sériciculteurs déroutés tant par le conflit des opinions divergentes, relativement aux causes de l'épidémie, que par quelques rares exceptions d'éducateurs assez heureux pour perpétuer leur variété de cocons en pleine épidémie. Puis, ne tenant compte que des faits généraux, nous nous sommes adressé des questions rudimentaires, en attendant que les expériences qui devaient être faites pendant la campagne de 1859, simultanément en Europe et en Turquie, au moyen des mêmes races, vinssent anéantir notre système ou bien le confirmer, de manière à nous permettre de soumettre notre opinion au jugement des sériciculteurs sérieux.

Ces questions étaient les suivantes :

D. La maladie est-elle contagieuse ?

R. Non, puisque des vers issus de graines saines ont parfaitement réussi à côté de vers de provenance infectée qui sont tous restés sur les tables ou sur la bruyère, lors des expériences qui ont été faites en Turquie comme en Europe.

D. L'épidémie qui sévit en Europe depuis 1845 (cette question faite sans avoir égard au mode d'éducation) provient-elle d'une cause climatérique, et, sous ce rapport, doit-on attribuer ses effets à la latitude de certaines contrées et à la situation des magnaneries, soit en plaine, soit sur des collines : ceci dit en vue de ce qui a été constaté relativement à l'invasion du fléau sévissant avec rigueur dans les bas fonds de chaque contrée et fléchissant parfois aux sommets ?

R. Non, parce que l'épidémie, qui paraissait parfois respecter quelques localités élevées, a toujours fini par les envahir, à quelques heureuses exceptions près, et sous diverses latitudes; mais ces éducations privilégiées sont si rares, que nous ne pouvons que les mentionner sans aucun commentaire.

D. Le fléau sévit-il plutôt dans les grands centres de production que contre les éducations isolées ?

R. Non, puisque la maladie n'a rien épargné, à quelques éducations près, si toutefois elles sont encore vierges, éducations du reste qui ne devraient peut-être leur salut qu'à des conditions radicalement élémentaires et que nous déduirons dans le cours de ce mémoire : d'ailleurs, si les ravages de la maladie étaient partiels, ce ne serait plus une épidémie, et il n'y aurait pas lieu de désespérer de régénérer les races d'Europe.

D. L'épidémie est-elle causée par un ensemble de mauvaises conditions d'éducation, au point de vue

De l'orientation;

De l'aération;

De l'étage des locaux où les vers sont élevés;

Du nombre de jours employés pour faire parvenir les vers de l'éclosion au bois;

Du chauffage aux divers âges;

Du nombre de repas donnés aux vers, par vingt-quatre heures, aux divers âges;

Du nombre de fois qu'on délite aux divers âges;

Du *modus faciendi* pour produire les graines, et la manière de les conserver;

Enfin du procédé de l'éclosion?

R. Non, l'épidémie ne peut provenir d'un tel ensemble; vu que les magnaneries sont très-variées de construction et dans toutes les situations, par conséquent à toutes les expositions;

Parce que, suivant la position de fortune des magnaniers et leurs habitudes d'éducation, dans toutes les contrées de l'Occident et sous leurs diverses latitudes, les vers sont élevés au rez-de-chaussée ou à un étage supérieur indifféremment;

Attendu que, suivant l'exactitude ou la négligence des éducateurs, le nombre de jours pour faire parvenir les vers de l'éclosion au bois est plus ou moins considérable;

Qu'il en est de même pour les degrés du chauffage;

Pour le nombre de repas donnés aux vers, par vingt-quatre heures, aux divers âges;

Pour le nombre de fois qu'on délite aux divers âges;

Et enfin, parce qu'il n'y a pas d'uniformité dans la manière de produire les graines, pas plus que de les conserver et de les faire éclore. D'ailleurs, un pareil ensemble de mauvaises conditions, s'il pouvait se rencontrer dans quelque contrée de l'Occident chez des éducateurs ignorants et négligents, ne pourrait pas causer un fléau susceptible de sévir pendant un laps de temps aussi considérable dans certaines contrées; tandis que d'autres régions, dans des conditions d'éducation à peu près identiques, et pires au point de vue de l'Occident, non-seulement n'en sont pas atteintes, mais paraissent même être inaccessibles à son influence. Au nombre de ces régions privilégiées figure la Turquie, dont la proximité, les analogies climatériques et les races robustes d'un bon rendement constituent une source providentielle où l'Occident pourra toujours puiser les éléments d'une nouvelle race, s'il est obligé de renoncer définitivement aux siennes. En tout cas, qu'on veuille régénérer nos races ou en adopter de nouvelles, nous croyons qu'il sera, avant tout, indispensable d'apporter de notables changements à l'économie séricicole, ainsi que nous le signalerons dans le cours de ce mémoire.

D. La feuille que l'on donne aux vers provient-elle généralement de mûriers malades, d'ancienne date; et, par suite, cette alimentation a-t-elle pu causer l'épidémie, ou tout simplement contribuer à perpétuer ce fléau?

R. Non, parce qu'il n'est pas du tout prouvé qu'une maladie chronique ait attaqué ces arbres précieux; qu'il résulte, au contraire, de toutes les investigations que la feuille, en général, n'a été atteinte que par la rouille et la manne, sortes d'altérations que l'on a remarquées à toutes les époques.

D. Les maladies qui ont sévi dans la Turquie en 1857 et en 1858 avaient-elles quelque analogie avec l'épidémie dominante en Europe?

R. Aucune, suivant nous; puisque les mêmes races qui avaient été éprouvées généralement partout pendant ces deux campagnes ont donné des résultats on ne peut plus satisfaisants en 1859, et cela d'une manière générale, voire même dans les localités qui avaient passé pour être envahies par le fléau. Si les graines de Turquie ont fait éprouver des mécomptes à l'Europe, c'est qu'elles y ont subi l'influence épidémique. Par contre, nous sommes conduit à croire que la maladie épidémique qui sévit en Europe est héréditaire; car toutes les expériences qui ont été faites en Turquie, pendant plusieurs années, avec des graines infectées de l'Occident n'ont donné aucun résultat, quoiqu'elles fussent en dehors de toute influence épidémique, ayant changé d'éducation et de climat.

Maintenant que le côté négatif de nos études est démontré, nous croyons, avant d'entrer dans le vif de la question, et pour élucider d'autant notre système, devoir faire précéder notre argumentation affirmative de quelques considérations indispensables à l'intelligence de ce travail.

La science a constaté que le ver à soie n'a ni poumons ni organes urinaires; qu'il respire par ses stigmates, qu'il évacue par le tube intestinal et aussi par la transpiration cutanée; qu'il est au nombre des animaux qui n'ont le sang ni rouge ni chaud; qu'à l'opposé des animaux à sang chaud, qui vivent très-bien à une température très-élevée, quelque grande que soit l'humidité, pourvu qu'ils aient assez d'air vital, le ver à soie, s'il se trouve dans des conditions de grande humidité, est attaqué dans tout son organisme. Ainsi, la peau et les organes musculaires se ramollissent, la contraction cesse, et par suite la transpiration. De là la suspension des sécrétions indispensables à la vie, qui, dans cet insecte, se font presque toutes à force de contractions. Il est de même avéré que le ver à soie, comme tous les animaux qui se nourrissent particulièrement de végétaux non desséchés, introduit nécessairement dans son corps beaucoup d'eau avec l'aliment, ainsi que des substances alcalines, acides, terreuses et autres, contenues plus ou moins dans tous les végétaux; que, par conséquent, ces substances étant en général étrangères aux besoins de son économie, il tomberait bientôt malade et finirait par perdre la vie, si la nature ne lui avait pas donné le moyen de s'en délivrer journellement en les expulsant de son corps. Il est également reconnu que ces fonctions, qui constituent en grande partie le principe de vitalité de cet insecte, peuvent être troublées par diverses influences physiques ou chimiques résultant de l'humidité, de la chaleur, de l'altération de l'air, de la fermentation de la litière, etc.

Comme on le voit, l'existence de cet animal dépend beaucoup des influences atmosphériques, surtout lorsqu'il est à l'état de domesticité dans d'autres climats que celui de son origine : c'est aussi pour cela que l'éducation doit remédier, autant que possible, aux graves inconvénients de ce dépaysement.

Le ver à soie étant un animal très-robuste, soit par sa nature, soit par la simplicité de son organisation, quoiqu'elle dure peu de jours, et étant soigné par l'homme, semblerait devoir atteindre sain et sauf l'état de perfection que la nature lui a assigné. Mais l'ignorance et la négligence des éducateurs en général ont fait naître pour lui une infinité de maladies, dont il doit être préservé sans doute à l'état naturel et qui, à l'état domestique, attaquent même l'embryon.

Suivant nous, toutes les maladies dont il est atteint sont en général causées par une grande humidité, n'importe avec quelle température, basse ou élevée. Quoi qu'il en soit, toutes ont toujours été et sont encore accidentelles, par conséquent temporaires. Mais il n'en est pas ainsi de la maladie en question, qui est devenue, à partir de 1845, épidémique et héréditaire. La preuve, c'est qu'elle s'est généralisée avec intensité sous les symptômes de taches brunes sur les anneaux du ver et sur les ailes du papillon, qui sort tout pelé du cocon pour mourir sans produire, et qu'elle se propage de génération en génération.

En opposition à l'opinion émise que la maladie est multiforme, nous croyons pouvoir avancer qu'il ne peut en être ainsi, vu que les insuccès qui ont eu lieu en 1857 et en 1858 dans les contrées de la Turquie signalées par nous comme inaccessibles à l'épidémie ne provenaient que de maladies accidentelles causées, ainsi que nous l'avons constaté, par la basse température. Ce qui le prouve de manière à n'en pas douter, c'est la réussite générale en 1859, tant pour les graines que pour les cocons, de toutes les éducations faites en Anatolie et en Roumélie, avec des graines de toutes les races de ces mêmes contrées, et cela contrairement aux prévisions de la plupart des sériciculteurs, qui les avaient considérées comme envahies par le fléau. Ceci dit sans parler de la réussite complète que nous avons obtenue en expérimentant en petit toutes les races desdites contrées, y compris celle de Brousse, réputée pour être entièrement infectée.

Relativement à la remarque que l'on a faite, que la réussite en 1859 en Turquie tenait peut-être à ce que l'on n'y avait fait éclore que des œufs de races rustiques, nous n'hésitons pas à soutenir que, si l'épidémie eût réellement causé les insuccès de 1857 et 1858 dans ce pays, ce fléau, ainsi que cela est indiqué par sa marche en Occident, n'en aurait pas moins continué son invasion en Anatolie et en Roumélie. Par conséquent, les races rustiques introduites à Demerdêche et à Brousse (deux localités réputées parmi tant d'autres comme ayant été envahies par l'épidémie) en eussent été certainement atteintes, tandis que pas un cas, un seul cas, n'y a été signalé.

Ce qui précède nous conduit tout naturellement à conclure que la maladie en question n'est pas multiforme; qu'au contraire, cette maladie, d'accidentelle qu'elle était, dans toutes les contrées où l'on cultive et où l'on ne recèpe pas annuellement le mûrier greffé, s'est constituée en épidémie héréditaire. L'état épidémique expliquerait aussi pourquoi les races d'origine saine ne procurent pas aux éducateurs de l'Occident des résultats toujours satisfaisants.

Afin de ne rien omettre de tout ce qui peut élucider cette grave question, nous devons mentionner ici que quelques sériciculteurs ont cru remarquer que la muscardine a généralement disparu depuis le règne du fléau; tandis que d'autres prétendent avoir observé la présence de la muscardine dans certaines éducations infectées de l'épidémie : ces remarques, quoique contradictoires, si nous devons en tenir compte, nous conduiraient, en quelque sorte, à induire que cette maladie épidémique héréditaire était compliquée de la muscardine d'une manière intercurrente. A ce propos, nous ne devons pas oublier de signaler que la muscardine a apparu cette année dans la race d'Andrinople, et que cette apparition a intimidé quelques graineurs. Pour nous, quoique nous mettions les cultivateurs éducateurs de cette contrée, où cette maladie accidentelle a sévi, en garde contre la culture du mûrier greffé, qu'ils ont propagé depuis quelques années à la place du sauvageon, nous ne nous sentons pas pour cela ébranlés dans notre conviction, à savoir : que le recepage annuel qui est pratiqué dans ce pays est une des principales conditions d'inaccessibilité à l'épidémie. Ceci dit à l'encontre des craintes que pourraient faire naître les maladies accidentelles que nous avons signalées à Demerdêche et à Andrinople, comme étant le résultat de l'alimentation au moyen des feuilles de mûriers greffés; cependant, nous nous empressons de le préciser, le recepage ne peut être un préservatif complétement efficace que lorsqu'il est pratiqué sur le mûrier sauvage.

Partant du principe que la maladie dominante est une épidémie héréditaire, se compliquant accidentellement de maladies intercurrentes variables, nous en avons recherché les causes dans tous les éléments d'altération; mais celui qui a le plus captivé notre attention, c'est l'alimentation de l'insecte. Nous devons le dire, nous avons été conduit dans cette voie d'observations sur l'alimentation par la comparaison que nous avons faite entre la culture en Europe du mûrier plein-vent, mi-vent et nain, qu'on ne taille que dans les premières années, dans le but de faire développer l'arbre, et celle en Turquie du mûrier nain, que l'on recèpe, chaque printemps, au moment de la cueillette de la feuille, l'agriculteur-éducateur n'ayant en vue que la production de la feuille, et non le développement de l'arbre, si ce n'est lorsqu'il est destiné à produire le fruit, dont on tire bon parti dans ce pays.

Ensuite, nous avons été amené à nous rendre compte des conséquences des deux modes de distribuer la feuille, dont l'un, celui d'Occident, consiste à servir la feuille détachée du rameau aux vers parqués sur des tables superposées; tandis qu'en Turquie la feuille est servie à ces insectes en petits rameaux jusqu'au troisième âge, et en branches à partir du quatrième âge jusqu'à la montée, et cela sur le plancher même des magnaneries.

Par cela même qu'en Turquie on ne cultive que le mûrier sauvage, à l'exception de quelques populations peu nombreuses, telles que celle de Demerdêche, dont la belle race est perdue, nous avons dû rechercher aussi si les produits d'une même race nourrie partie avec de la feuille de mûrier sauvage, recepé annuellement, partie avec de la feuille de mûrier greffé, recepé chaque année, et partie avec de la feuille de mûrier greffé non recepé, pouvaient offrir à l'observateur des différences notables à tous les points de vue.

En conséquence, à la suite d'investigations minutieuses et d'observations multipliées qui nous ont conduit sur cette voie, nous avons fait faire en 1859, au moyen des mêmes races, dans quelques contrées de l'Occident, les mêmes expériences que nous avons pratiquées en Turquie. Voici sommairement le résultat de ces essais : en Turquie, contrée où tous les mûriers sauvages et greffés sont recepés chaque printemps et qui a été favorisée par une douce température (20 degrés à l'éclosion et 15 à la montée, voire même 14 sans beaucoup d'humidité, ce qui est parfaitement supporté par ces races robustes), la réussite a été complète partout, en Anatolie comme en Roumélie, et sans distinction de races, en quelque sorte, tant pour les cocons que pour les graines; et cela pendant que toutes les contrées de l'Occident, où le mûrier greffé n'est pas recepé chaque printemps, subissaient à peu près les mêmes désastres que les années précédentes. Les races de *Brousse* et d'Andrinople nous ont produit 52 kil. 500 gr. à 55 kilogrammes de cocons pour 31 grammes de graines

(105 à 110 livres pour 1 once); mais celle de la montagne de Zuluftar nous a donné un résultat qui ressemble à une merveille. A Demerdêche, les graines de Leftké, Kuplu, Bouroudjac et Bazarkeuï ont donné des résultats incroyables : les branches de chêne de 1 mèt. 50 cent. à 2 mètres de hauteur pliaient sous le poids des cocons; et tous les locaux avaient été convertis en magnaneries, au point que les éducateurs avaient été obligés de céder leur chambre à coucher à ces précieux insectes. Toutefois, relativement à la question de l'alimentation, ou bien, en d'autres termes, au point de vue de l'influence des feuilles suivant l'espèce de mûrier, nous constaterons ici que cette population laborieuse, qui est une des plus intelligentes de la Turquie, a perdu, par trop de zèle et faux calcul, la belle race qu'elle possédait autrefois. En effet, les Demerdêchois ont fini par faire disparaître complétement leur belle race, soit en choisissant toujours les cocons du grain le plus fin pour faire leur graine, afin d'obtenir des produits de plus en plus beaux, soit en remplaçant leurs mûriers sauvages par des greffés, lesquels, au temps de la feuillée, il faut le dire, captivent l'œil du voyageur, tant les pousses, qui ont de 2 à 3 mètres de hauteur, sont touffues. Cette préférence donnée par les Demerdêchois aux mûriers greffés a été motivée, comme partout, par l'apparence d'une plus grande production alimentaire, en raison d'un plus grand volume de feuilles : ce qui est une erreur; car les feuilles de mûrier greffé perdent en qualité ce qu'elles semblent gagner par la quantité. Comme on voit, la disparition de la belle race de Demerdêche provient de ce que les vers, étant devenus de plus en plus délicats, en raison du choix des sujets destinés à la pro-

pagation de l'espèce, n'ont plus été à même sans doute de supporter les 30 p. o/o de substances indigestes contenues dans la feuille de mûrier greffé, sans compter la manne qui avait pu l'attaquer, et, par suite, sont tombés dans la débilité et l'anéantissement. La basse température de 1858 a eu raison des restes de cette race, et non l'épidémie.

Ce qui vient d'être constaté et déduit, nonobstant la disparition de la belle race de Demerdêche et l'apparition de la muscardine à Andrinople, prouve assez, selon nous, que non-seulement les races de la Turquie n'ont jamais été atteintes par l'épidémie, mais, qui plus est, ne sont pas même susceptibles de l'être. En effet, l'éducation qui est pratiquée dans cette contrée, malgré ses vices, ne comporte que les maladies accidentelles de 1857 et 1858, et non une maladie épidémique et héréditaire. Cette inaccessibilité à l'épidémie, nous en sommes convaincu, est assurée *principalement par l'alimentation,* et secondairement par l'éducation, à laquelle il ne manque, ce semble, pour être parfaite, qu'une protection bien entendue contre l'intempérie, en d'autres termes, un chauffage gradué de l'éclosion à la montée (16 à 20 degrés), la ventilation existant tout naturellement par les fissures des planchers des magnaneries et la manière de servir la feuille en branches.

Cette conviction intime nous encourage à signaler, au moyen du compte comparatif ci-après, les avantages que l'économie agricole-séricicole-industrielle de l'Occident trouverait à appliquer le mode d'éducation et de culture de l'Orient.

En Occident, les divers frais pour 31 grammes de graine (1 once), produisant environ 40 à 50 kilogrammes

(80 à 100 livres) de cocons en bonne réussite, s'élèvent à peu près à........................ 115f 00c

Soit, pour cueillir la feuille, environ	40f 00c	
Pour vingt journées d'homme et de femme, à 2 francs..............	40 00	
Pour loyer des locaux et intérêt du capital des claies et autres petits objets, environ.................	35 00	
Tandis qu'en Orient ils peuvent s'élever à		30 00
Soit, pour cueillir la feuille.....	10f 00c	
Pour dix journées d'homme et de femme......................	20 00	
Pour loyer de locaux, pour ainsi dire rien; vu qu'avec ce système d'éducation les agencements de l'Europe deviennent inutiles.............	//	
Différence en faveur de l'éducateur oriental		85f 00c

En Orient, suivant les calculs que nous avons faits pour une même superficie de terrain qu'en Occident, le système de culture ou de recepage annuel du mûrier fait produire à cet arbre un quart de plus de feuilles : par conséquent, en supposant qu'il faille pour 31 grammes de graine (1 once) 825 kilogrammes de feuilles à 10 francs les 100 kilogrammes (1,650 livres de feuilles, à 5 francs le quintal), ci......... 82f 50c ce sera un quart de moins à acheter que l'on doit distraire de cette somme, soit à porter en bénéfice........................... 20 60

A reporter....... 105 60

Report........ 105f 60c

Il faut ajouter à cela qu'en ne cultivant que les mûriers sauvages blancs de la Turquie (espèce qui produit autant que les mûriers greffés d'Europe), au lieu de faire manger 825 kilogrammes (1,650 livres) de feuilles de mûrier greffé, on n'en ferait manger que 620 kilogrammes (1,240 liv.); vu que la feuille du sauvageon contient 25 p. o/o de plus de substance alibile : en conséquence, on aurait en moins 25 p. o/o de dépense, soit....... 20 60

Bénéfice net pour l'agriculteur-éducateur oriental.............................. 126 20

S'il était tout à la fois filateur, il aurait à ajouter une plus-value de produit que peuvent donner en soie plus fine les cocons dont les vers ont été nourris avec de la feuille de mûrier sauvage.

Ainsi que cela vient d'être établi, en modifiant son système de culture du mûrier, de même que son mode de donner la feuille aux vers à soie, tout en conservant ce qui manque à la Turquie, soit le chauffage de l'éclosion à la montée (16 à 20 degrés), l'Occident n'aurait qu'à gagner, ce semble, à entrer dans cette voie rationnelle de modifications. En conséquence, uniquement à ce dernier point de vue, les séricículteurs sérieux de l'Europe ne devraient pas balancer à faire quelques essais pour élucider le problème de bénéfice à faire en temps normal, problème qui est tout résolu pour nous. Bien mieux, et nous le disons avec conviction, ce qui n'aurait été qu'une question de lucre avant 1845 est aujourd'hui une espèce de *sine qua non* que tous les éducateurs, sans exception, doivent aborder sans aucun ajournement; car, ainsi que nous allons l'exposer, il ne reste plus à la sériciculture occiden le que cette voie de salut. En effet, l'Occident, qui, ainsi que nous l'avons dit, est sous le coup du fléau, depuis 1845, d'une manière générale, s'il veut échapper à sa ruine, ne peut plus hésiter à entrer dans la seule voie qui lui soit ouverte, de s'approprier de nouvelles races et de les perpétuer en modifiant son système de culture et d'éducation à l'instar de l'Orient, resté vierge de l'épidémie, comme cela est constaté par la campagne de 1859. Il n'y a pas à hésiter devant la logique inexorable des faits accomplis; et l'urgence en est assez démontrée aujourd'hui par la permanence de l'épidémie, qui, après avoir ravagé tout d'abord les plaines et les vallées, a fini par envahir aussi les collines et les montagnes. C'est une nécessité d'autant plus évidente, qu'il faut convenir que jusqu'à présent les expériences pratiques des uns et les travaux scientifiques des autres n'ont pas complétement déchiré le voile qui enveloppe cette grave question, et qu'il faut tenter tous les moyens de sortir du labyrinthe où elle semble enfermée. En effet, c'est dans la pureté de l'air des localités élevées qu'on a cherché l'explication de leur résistance à l'invasion de l'épidémie. Mais cette raison, qui a paru de prime abord dominer l'opinion séricicole, cesse d'être la meilleure, quand on constate que ces localités ont été ravagées comme les autres. Il nous est même permis de croire, à l'appui de notre système, qu'on aurait pu trouver une autre raison non moins plausible dans la présence des mûriers sauvages qu'on y cultive à côté de mûriers greffés, les uns et les autres étant très-souvent recepés pour leur donner de la vigueur, *et c'est ce que personne n'a signalé*... Le voyageur qui parcourt les bords fertiles du Rhône, de l'Isère, de la Drôme, du Gard, de l'Hérault, du Var, le Piémont, la Lombardie, la Vénétie, peut être frappé d'admiration à la vue des belles plantations de mûriers greffés qu'on y trouve et qui se rencontrent même jusqu'en Grèce. Mais chez l'observateur attentif, qui veut surprendre au fléau ses secrets et sa marche, l'admiration fait place à un autre sentiment, quand il réfléchit et constate que l'épidémie s'est arrêtée à la dernière de ces belles plantations. En effet, ce n'est qu'à partir des localités turques, où l'on ne trouve que le mûrier sauvage recepé chaque année, que la maladie semble avoir trouvé son terme et s'être arrêtée. N'y a-t-il pas là une grande réflexion à faire et motif de croire que la feuille du sauvageon, par ses conditions primitives, a des vertus particulières; mais plus encore, que le recepage annuel, en annulant son fruit, donne à la feuille un principe nutritif qui tourne tout entier au profit des vers à soie? Nous ne saurions donc trop insister sur la nécessité absolue de receper chaque année les mûriers. Toutefois, nous devons faire observer que ce recepage annuel doit être pratiqué suivant l'âge et la vigueur du mûrier, c'est-à-dire qu'on ne doit laisser que le nombre de tiges ou cornes que le sujet comporte, afin de ne pas l'épuiser tout d'un coup. Sous ce rapport, les Demerdêchois aménagent leurs plantations de mûriers avec un discernement remarquable. En effet, nous avons vu dans cette localité des mûriers centenaires qui produisent encore de belles pousses bien touffues, quoique leur tronc ne soit plus, en quelque sorte, qu'un composé d'aubier et d'écorce. Nous devons le préciser, ces intelligents cultivateurs recèpent et marcottent leurs plantations comme si c'étaient des vignes. Ainsi, au fur et à mesure que les tiges de mûrier qui fournissent les pousses annuelles paraissent ne plus devoir bourgeonner, ils les font sauter, afin de rejeter la séve sur d'autres tiges ménagées pour les remplacer. Lorsque les troncs paraissent épuisés par suite de vieillesse, ou par des maladies telles que la pourriture et les chancres, alors ils renouvellent les arbres au moyen de branches ménagées *ad hoc* et abaissées graduellement, pendant deux pousses, vers la terre. Ce moyen de maintenir en plein rapport les plantations, on en conviendra, est on ne peut plus rationnel; et cela démontre combien le cultivateur-éducateur turc va droit au but. Récolter de la feuille le plus tôt possible, toujours et beaucoup au moyen des mêmes plantations une fois établies, tel est le triple résultat auquel il vise et qu'il atteint.

De plus, au risque d'être importun en répétant certaines données, nous ferons remarquer que, la feuille étant servie aux vers à soie attachée aux branches superposées en cadre, l'air ambiant, qui pénètre doucement par les interstices des planchers des chambres ou greniers des habitations rurales transformés en magnaneries, est sans cesse renouvelé, appelé qu'il est par les fissures des portes, fenêtres et toitures. Cet air traverse donc les claies formées tout naturellement par les branches, et cela sans nuire à l'économie animale des vers à soie. Bien au contraire; car l'air se renouvelant sans cesse par diffusion, toute la chambrée est dans des conditions hygiéniques que l'on désirerait rencontrer plus souvent dans les magnaneries de l'Occident. C'est à raison de cette diffusion de l'air sans cesse renouvelé que la litière qui reste sur les planchers ne peut pas fermenter, de même que les feuilles des branches, si toutefois il en reste. Nous ferons aussi observer que ces espèces de claies naturelles, qui ne contiennent guères moins de vers à soie que quatre des nôtres, vu le peu d'espace qu'il faut pour les desservir, procurent aux vers une liberté d'action qui entretient leur vigueur. Joignez à cet avantage qu'ils ne sont jamais troublés pendant leurs mues, pouvant se distancer à volonté au-dessus ou au-dessous des branches, dont ils se servent aussi pour se débarrasser de leurs dépouilles lors des mues. Qu'il soit pris bonne note enfin que la feuille n'est jamais salie par les vers, par cela même qu'elle est toujours en l'air, surtout celle des mûriers sauvages, qui reste toujours un peu pliée, et qu'elle se maintient aussi beaucoup plus fraîche. Un autre avantage qui résulte encore de la forme de cette feuille, c'est que les mâchoires horizontales des vers la scient plus facilement; ce qui contribue beaucoup à leur faire faire une bonne digestion.

Une seule lacune, comme nous l'avons déjà dit, existe dans ce mode d'éducation si facile et si peu coûteux : c'est le chauffage gradué (16 à 20 degrés de l'éclosion à la montée). En la comblant, on assurerait pour toujours une récolte semblable à celle de 1859. Pour obvier à ce grave inconvénient, les éducateurs de la Turquie n'auraient qu'à calfeutrer un peu plus certains de leurs locaux par trop ouverts et à y pratiquer, dans les encoignures, quelques petites cheminées dans lesquelles ils feraient brûler les branches sèches de leurs mûriers; ce qui procurerait à ces précieux insectes une chaleur douce, et par conséquent beaucoup plus en rapport avec leur organisme. Il suffirait donc aux éducateurs de la Turquie, pour qu'ils ne soient plus exposés aux variations de la température et aux désastres de 1857 et 1858, qu'ils fussent munis des instruments nécessaires pour constater et régler la température intérieure de leurs magnaneries.

Pour ne rien omettre de ce qui est relatif à la sériciculture de la Turquie, et afin d'atteindre d'une manière plus sûre le but que nous nous sommes proposé, soit de répandre la lumière, nous devons appeler d'une manière toute particulière l'attention des sériciculteurs sur la culture, pour ainsi dire exclusive en Turquie, du mûrier sauvage. C'est en elle, en effet, que réside le principal et premier terme de l'enseignement que nous désirons indiquer. En conséquence, nous signalerons de nouveau à l'opinion séricicole que la feuille de mûrier sauvage contient beaucoup moins de substances indigestes que la feuille de mûrier greffé; soit, en d'autres termes, qu'elle contient, à poids égal, à peu près 30 p. o/o de plus de substances assimilables. La préférence que les vers donnent sans hésiter à la feuille de mûrier sauvage, lorsqu'elle est placée à côté de la feuille de mûrier greffé, justifie complétement cette assertion. Ce qui peut aussi contribuer à ce que les vers délaissent la feuille de mûrier greffé pour se jeter avec voracité sur la feuille de mûrier sauvage, c'est que cette dernière, à cause de sa nature et de sa forme, n'est presque jamais attaquée par la manne et la rouille. Il y a là, il faut en convenir, plus qu'un argument; c'est un enseignement positif.

Nous constaterons enfin que le mûrier, étant recepé chaque printemps, ne porte pas de fruit, et que, par suite, la séve doit profiter d'autant à la feuille, puisqu'elle ne profite pas au fruit, et presque pas au bois de l'arbre.

Celui-ci est sans cesse régénéré, soit lorsqu'on l'assainit en le débarrassant de la pourriture, des chancres et des nœuds, soit lorsqu'on le provigne. A ce propos, nous répéterons que le mûrier est cultivé en Turquie à peu près comme la vigne, tout en ne poussant qu'à la feuille et non au fruit.

A l'encontre de l'objection qui pourrait être faite, que l'infériorité du mûrier greffé vis-à-vis du sauvageon provient plutôt des éléments de la feuille que de la greffe en elle-même, nous serions porté à concéder que le mûrier sauvage enté sur le beau mûrier greffé de l'Occident pourrait peut-être bien produire de la feuille avec tous les éléments voulus d'une bonne nutrition, mais à la condition, toutefois, que l'arbre serait recepé annuellement. Si cette première modification dans la culture du mûrier pouvait être réalisée sans inconvénient, outre qu'elle ménagerait la transition, elle démontrerait peut-être aux plus tenaces à l'ordre de choses actuel tous les avantages qui peuvent résulter d'un retour vers les lois de la nature, que les sériciculteurs ont souvent violées par trop de zèle et faux calcul. Une telle réalisation, nous le répétons, serait d'autant plus à désirer, que l'intérêt personnel, qui est parfois le plus grand ennemi du vrai progrès, ne serait plus en jeu dans cette question si grave par elle-même, puisqu'elle permettrait de conserver les anciennes plantations, en attendant les nouvelles qui devraient être cultivées suivant les errements de l'Orient. Ces errements offriraient le double avantage : 1° de débarrasser les bonnes terres actuellement complantées de mûriers greffés; 2° d'adapter aux terrains maigres, et par conséquent peu favorables aux céréales, la culture du sauvageon, qui y produit des feuilles de la meilleure qualité pour la nourriture des vers à soie. Cependant, malgré notre déférence à cette expérimentation, au point de vue de la transition, nous n'en persistons pas moins à soutenir, comme règle invariable, que la culture du mûrier sauvage provenant de semis et recepé annuellement est la seule rationnelle : car si la greffe, que nous indiquons ci-dessus comme moyen de transition, était continuée, on retomberait tout naturellement dans les errements de culture actuels, que nous considérons, avec l'éducation civilisée du moment, comme les principales causes de l'épidémie.

Nous appellerons aussi, d'une manière toute particulière, l'attention des sériciculteurs de l'Occident sur les graines de la Turquie; car cette branche de la sériciculture est le second terme de l'enseignement proposé. Afin de les mettre à même de juger plus spécialement, nous allons préciser la manière turque de produire ces œufs. Les graineurs prennent en race les cocons, les mettent sur des nattes, et au fur et à mesure que les papillons sortent, ils les jettent pêle-mêle dans un grand et large sac, tenu *ad hoc* écarté au moyen de cercles sur lesquels reposent quelques branches de mûrier : là, les papillons envahissent les parois du sac et s'accouplent et se désaccouplent tout naturellement.

Deux autres moyens sont aussi employés pour cette même production : l'un est un drap de lit plié en deux et attaché en l'air par les quatre coins, dans lequel on jette aussi les papillons; l'autre est une espèce de pétrin ou tronc d'arbre creusé, du nom turc *tekné,* dans lequel on place aussi quelques légères branches défeuillées de mûrier, sur lesquelles les papillons jetés pêle-mêle accomplissent le but de la nature.

Cette manière de procurer le mystère aux amours des papillons, ainsi que la nature l'indique chez tous les animaux, est, ce semble, plus favorable pour obtenir une production bien fécondée, vu que les papillons ne sont jamais tourmentés. Il est évident qu'avec de pareils modes de production les graines provenant de la Turquie ne peuvent être que bonnes et bien fécondées. Si pourtant des plaintes et des réclamations se sont parfois produites, il est à présumer qu'elles doivent être renvoyées aux intermédiaires, qui ont mélangé les bonnes graines avec d'autres inférieures ou qui en auront introduit de mal fécondées. Il en est résulté tout naturellement déconsidération pour les éducateurs-graineurs et perte matérielle pour les destinataires. Ceci dit pour les graines en général exportées de la Turquie; car pour les œufs que les spéculateurs produisent ou font produire spécialement suivant les errements de l'Occident, en vérité il n'est pas nécessaire de les mentionner, à raison de leur minime quantité.

Après ce mécompte, il nous reste à prémunir encore spéculateurs et éducateurs contre une grande et grave déception qui fait partie du second terme de l'enseignement précité. Cette déception résulte de l'empressement que les spéculateurs, en général, mettent à emporter leurs graines ou à se les faire expédier sur les lieux de la vente dans une saison encore trop chaude, soit aux mois d'août et de septembre : nous voulons parler des altérations que la température élevée ne peut manquer de faire subir aux embryons pendant le long trajet de l'Orient à l'Occident, surtout pour de grandes quantités, qu'il est impossible de soigner, comme il serait indispensable de le faire.

Maintenant que tout est démontré, ce nous semble, relativement à la sériciculture de l'Orient, revenons en Occident constater de nouveau les désastres de l'épidémie et ses causes, qu'il importait tant de bien établir. Nous le répétons donc, les causes de cette épidémie résident principalement dans une alimentation difficilement assimilable par des sujets que l'on a sans doute rendus débiles à force de triages pour la procréation, triages qui ont abouti à transmettre de génération en génération une débilité qui, après avoir subi divers accidents, a fini par constituer la maladie accidentelle en épidémie héréditaire.

Depuis l'invasion du fléau, des expériences ont été répétées à tous les points de vue, et cela chaque année d'une manière théorique et pratique; cependant, malgré les lumières de la science, cette grave question n'a pas encore été résolue. En effet, la théorie du lendemain est toujours venue renverser celle de la veille. En l'état, que restait-il à faire au point de vue de notre système? des expériences, au moyen des mêmes races et d'une alimentation autant que possible la même, simultanément en Turquie et en Occident. Nous avons donc fait pratiquer, sur une petite échelle, il est vrai, en France et en Italie des éducations avec des œufs de races saines transportés avec soin, éclos avec toute la sollicitude voulue, et dont les vers ont été nourris, les uns avec des feuilles de haies taillées annuellement, et les autres avec des feuilles de mûriers greffés, mais taillés de l'année précédente. Ces éducations ont parfaitement réussi, mais les premières avec une marche plus rapide et plus sûre, surtout pour la procréation. En présence de résultats si concluants, n'est-il pas évident, pour tout le monde comme pour nous, que la condition permanente d'une alimentation plus réfractaire à l'assimilation a dû être une des premières causes du dépérissement des races, qu'on appauvrissait encore dans certaines localités, comme à Demerdêche, en choisissant des sujets délicats, bien plus en vue de la finesse de la soie que des conditions de bonne reproduction? Par suite, d'accidentelle qu'elle était, nous le répétons, la maladie a dû devenir ce qu'elle est aujourd'hui, une épidémie héréditaire. Cette conclusion est d'autant plus rationnelle que nous avons établi déjà que c'est bien plus à la présence du sauvageon et au recepage annuel des mûriers qu'à toute autre cause que les localités élevées ont dû de résister plus longtemps à l'invasion de l'épidémie. Une opinion basée sur de pareils faits cesse d'être un thème, une simple théorie, puisqu'elle démontre que l'existence de l'épidémie tient à des causes qui n'existent pas en Turquie et que, par suite, elle n'y a pas pénétré. Qu'il nous soit donc permis de la soumettre à l'appréciation des sériciculteurs sérieux.

A l'appui de ce raisonnement, nous rappellerons que lors de la dernière campagne, en 1859, pendant que toutes les éducations réussissaient en Turquie, les magnaneries de l'Occident étaient encore ravagées par l'épidémie, malgré tous les soins que les éducateurs occidentaux, en général, avaient donnés à l'éclosion d'œufs de races turques. Cette constatation de résultats si différents prouve d'une manière péremptoire, il nous semble, que la maladie provient de causes qui n'existent que dans les contrées dont les habitudes séricicoles ne sont pas les mêmes qu'en Turquie. Par suite, nous n'hésitons pas à préciser, en regard de la permanence de la maladie en Occident, que l'alimentation est la cause principale de ce fléau, ainsi que nous l'avons démontré, tout en tenant compte des conditions défavorables qui peuvent résulter de l'altération des graines, lorsqu'elles ont été mal conservées ou transportées de loin sans précaution, ainsi que du mode d'éducation actuelle, par trop débilitant.

En résumé, nous osons avancer que, pour faire disparaître l'épidémie et en prévenir le retour, il est indispensable d'adopter les habitudes séricicoles de la Turquie, en conservant aux éducations les soins hygiéniques qui leur sont prodigués par les sériciculteurs intelligents de l'Occident.

Après tout, comme nous avons puisé notre conviction dans le vif désir d'être utile aux intéressantes populations des campagnes par ces données spéciales, nous osons espérer que la critique sera indulgente à l'égard de nos doctrines ; que la science voudra bien consacrer quelques heures à l'analyse des faits et des assertions que nous venons d'exposer; enfin que les sériciculteurs, toujours si désireux de progresser, seront portés de bonne volonté pour vérifier le tout d'une manière pratique lors de la prochaine campagne, en 1860.

Constantinople, le 15 décembre 1859.

B.-J. DUFOUR,
D'ANNONAY (ARDÈCHE),
Négociant à Constantinople.

NOTE

SUR LA CULTURE DES MÛRIERS

EN TURQUIE[1].

A M. DE QUATREFAGES,

MEMBRE DE L'INSTITUT.

MONSIEUR,

Vous m'avez témoigné le regret qu'il ne fût plus temps d'insérer mon mémoire du 15 décembre 1859 dans votre dernier rapport à l'Académie, puisqu'il est déjà imprimé. Votre croyance au bien qui doit résulter de la publication de mes études pratiques en Turquie, vos encouragements à continuer mes expériences et à en transmettre le résultat, enfin toutes vos dispositions bienveillantes pour moi, me font un devoir de me conformer à vos inspirations. Je m'empresse donc, Monsieur, de vous transmettre ci-après les données que vous m'avez demandées relativement à la culture presque exclusive du mûrier sauvage en Turquie, au point de vue de l'espèce, du rendement, de la qualité de la feuille ou, en d'autres termes, des substances qui y sont contenues et de leur influence alimentaire sur les vers à soie.

[1] Travail présenté et lu à l'Académie des sciences (séance du 19 mars 1860) par M. de Quatrefages, membre de l'Institut, délégué pour étudier les maladies actuelles des vers à soie.

Le mûrier généralement cultivé en Turquie est un sauvageon blanc, d'une bonne venue. Quelques localités le propagent en semis, entre autres les environs d'Andrinople, en Roumélie, et le bourg de Sousourlou, en Anatolie. Leurs terres sont en général légères, arrosables et très-propices à cette industrie agricole, dont la prospérité est égale à l'importance. Les habitants de ces localités qui s'occupent de cette spécialité exécutent en général leurs travaux avec assez d'intelligence. Les semis qui sont pratiqués dans ces terres meubles justifient cette opinion. La végétation est assez active dans ces localités : aussi les pourettes sont-elles d'une bonne venue. Le pépiniériste met à profit cette condition de la nature; car, au bout d'un an, il repique les pourettes. Cette opération est exécutée dans quelques localités avec intelligence : en vérité, il n'y a pas grande différence avec ce qui se pratique en France. Les baguettes ne restent pas longtemps dans cet état; car les cultivateurs de la Turquie se servent de baguettes de deux à trois ans pour former leurs plantations, qui sont établies en pépinières. Les arbres, qui ont de 1 à 3 mètres de hauteur environ, sont espacés suivant l'idée de chacun, soit de 1 à 2 mètres. Cependant il est quelques cultivateurs mieux avisés qui les placent à 3 mètres de distance. Un an après la formation des pépinières, c'est-à-dire à trois ou quatre ans d'âge, les mûriers sont recepés; et cette opération a lieu chaque année, sans discontinuer, au moment même de l'éducation. Le recepage annuel est une conséquence de l'élevage au rameau, et n'est pratiqué en quelque sorte qu'à ce point de vue par les cultivateurs-éducateurs intelligents. Ceux qui ne raisonnent pas l'opération, et il y en a beaucoup, suivent les habitudes prises. Du reste, tous pensent qu'un mûrier rajeuni, comme ils disent d'un arbre recepé, produit des feuilles plus favorables à l'alimentation des vers à soie : aussi, soit par conviction, soit par imitation, le recepage annuel est général et complet, car on ne laisse aucune pousse pour l'année suivante. C'est ce qui fait que, lorsque l'éducation est terminée, on ne voit que des mûriers à une seule tige de 1 à 3 mètres de hauteur, plus ou moins grosse, ayant une petite tête à l'extrémité supérieure, produit des cicatrices annuelles. De loin, on croirait voir un cimetière musulman avec ses nombreux *tumuli*. Il faut bien se convaincre que le cultivateur-éducateur de la Turquie n'a en vue que la production de la feuille et non le développement de l'arbre : c'est pourquoi il met à profit tous les bourgeons du mûrier, sans exception. Aussi, au moment de l'éducation, trouve-t-il des branches à tailler du bas en haut de l'arbre. Toutefois il commence à couper les rameaux du bas, où la séve parvient tout d'abord : c'est, du reste, ce que la nature indique, puisque les rameaux du collet sont les premiers développés. Cette manière de faire procure à l'éducateur, à superficie égale, 25 p. o/o de feuilles de plus que par le système européen. Il n'y a pas d'habitude prise pour planter les baguettes en pépinières. En général, les cultivateurs des environs d'Andrinople établissent leurs plantations sans avoir, en quelque sorte, préparé la terre *ad hoc;* après avoir coupé la racine pivotante du plant, ils le mettent dans un trou dont la terre déblayée peut à peine butter le futur arbre. Ça se passe à peu près de même chez la plupart des cultivateurs de l'Anatolie, sauf qu'ils ne coupent pas la racine pivotante.

Toutefois il existe des localités où la terre est préparée pour recevoir les plants, et où même on fume le pied des arbres.

J'oubliais de dire que le recepage est opéré par le cultivateur turc avec beaucoup d'adresse, et cela au moyen d'une serpette à scie dont les dents sont très-courtes, très-fines et très-serrées. L'emploi de cet instrument, tout contraire qu'il est à l'enseignement du pépiniériste d'Europe, paraît cependant atteindre le but désiré, car l'opération ne laisse aucune bavure; et il semble qu'il en résulte une cicatrisation plus prompte que lorsqu'on se sert de la serpette à tranchant lisse. Je dois faire remarquer que la lame de la serpette turque est mince au point d'être flexible, et que, malgré cela, elle tranche de très-grosses branches avec une facilité et une netteté remarquables. Dans le but de prolonger l'existence du premier plant, le cultivateur turc se borne à n'exploiter que la tige mère, aussi longtemps qu'elle porte un certain nombre de branches; mais lorsqu'il s'aperçoit que la tête de l'arbre est par trop ulcérée, et que la séve ne pourra bientôt plus se faire jour à travers cette nodosité, il a soin alors de ménager une branche pour la remplacer. Cette branche, après quelques pousses, peut remplir le but proposé : c'est alors que le cultivateur fait sauter le bourrelet en question au moyen d'une hachette. Comme on voit, l'opération est facile et l'aménagement de la plantation lucratif; car le capital du temps est bien employé, et celui de la terre porte plus tôt son intérêt. Quel avantage marqué sur le système occidental!

Suivant ce même principe, lorsque les troncs de mûrier paraissent épuisés par suite de vieillesse ou par des maladies telles que la pourriture et les chancres, le cultivateur turc renouvelle les arbres au moyen de branches ménagées *ad hoc* et abaissées graduellement pendant deux pousses. Souvent un arbre fournit deux marcottes, qui servent à remplacer deux de ses voisins qu'il n'a plus été possible de régénérer. En un mot, on provigne en Turquie les plantations de mûrier, comme si c'étaient des vignes.

En vérité, il y a de quoi être étonné en voyant la hardiesse et la dextérité avec lesquelles le cultivateur turc se sert de la hache pour purger les arbres de la pourriture et des chancres. Mais l'étonnement fait place à l'admiration lorsque, l'année d'après, on constate les heureux résultats de l'opération. C'est surtout au moment de la feuillée que l'on comprend toute l'efficacité de l'aménagement turc et que l'on est obligé de se rendre à l'évidence. En effet, quoi de plus persuasif que de belles pousses bien touffues sur un tronc de mûrier centenaire, qui n'est souvent qu'un composé d'aubier et d'écorce?...

....

J'en ai assez dit, je pense, pour démontrer la supériorité de l'aménagement turc sur celui de l'Occident. Maintenant, au point de vue de la culture presque exclusive du mûrier sauvage en Turquie, il me reste à démontrer la supériorité de la feuille du sauvageon sur celle du mûrier greffé. Pour parvenir à ce but, je préciserai que la feuille du sauvageon contient environ 30 p. o/o de substances assimilables de plus que celle du greffé. Cela ressort de la remarque faite sur de petites éducations de même race et à peu près de la même importance, les unes alimentées avec des feuilles de mûrier greffé et les autres avec des feuilles de mûrier sauvage. En effet, en se rendant compte de ce qu'il avait fallu de feuilles de l'une et de l'autre espèce, ainsi que des résidus excrémentiels dans l'une et l'autre éducation, on est arrivé au résultat suivant : l'éducation faite avec des feuilles de mûrier greffé, si les calculs ont été exacts, aurait consommé 30 p. 0/0 de plus que celle qui a été alimentée avec des feuilles de mûrier sauvage. Un pareil résultat nous conduirait donc à conclure que la feuille de mûrier sauvage contient 25 p. 0/0 de substance alibile de plus; et, comme les cocons qui proviennent de vers nourris avec de la feuille de mûrier sauvage offrent une plus-value en soie de 5 p. 0/0 environ, on serait porté à présumer que cette même feuille peut aussi contenir 5 p. 0/0 de plus en principe soyeux que la feuille de mûrier greffé. La préférence que les vers donnent, sans hésiter, à la feuille de mûrier sauvage, lorsqu'elle est placée à côté de la feuille de mûrier greffé, justifie assez bien cette assertion. Ce qui peut aussi contribuer à ce que les vers délaissent la feuille de mûrier greffé pour se jeter avec voracité sur la feuille de mûrier sauvage, c'est que cette dernière, à cause de sa nature et de sa forme, n'est presque jamais attaquée par la manne et la rouille. Il y a là, il faut en convenir, plus qu'un argument : c'est un enseignement positif, surtout quand on rapproche de ce résultat de mes études pratiques les expériences scientifiques que vous avez faites, Monsieur, pendant la campagne de 1859, et qui sont consignées dans votre ouvrage des « Études sur les maladies actuelles du ver à soie. » En effet, si vos expériences ont démontré que le sucre administré comme moyen thérapeutique avait produit d'excellents résultats sur les vers malades, il est peut-être permis de croire par induction que les sucs naturels de la feuille du sauvageon doivent renfermer un principe plus efficace encore, comme tout ce qui nous vient de la nature; et de là l'explication de l'impuissance du fléau contre les races rustiques de l'Orient.

Il serait bien étrange et bien concluant, en effet, qu'en partant de deux points différents, d'un côté la science, guidée par le diagnostic et la réflexion, de l'autre, l'expérience et l'étude pratique, eussent abouti aux mêmes conclusions, et que nous eussions arraché au fléau son secret et le remède par des moyens si différents à l'origine.

Cette conclusion est si naturelle que je me propose, à la campagne prochaine, de faire des expériences décisives, par des éducations parallèles et dans des conditions absolument identiques, *sous mes yeux*.

Quoique porté à présumer que l'immunité dont jouit la Turquie vis-à-vis de l'épidémie tienne principalement à la culture du sauvageon et surtout au recepage de l'arbre, je dois aussi reconnaître que l'éducation rustique, telle qu'elle y est pratiquée, protége les races robustes de ce pays contre la maladie qui continue à ravager l'Occident. Et par cela même que j'ai déjà constaté que la culture au recepage est la conséquence naturelle de l'élevage au rameau, je suis entraîné à exposer ici, en peu de mots, de quelle manière l'éducation des vers à soie est conduite en Turquie.

D'abord, les magnaneries où l'on élève les vers à soie sont des greniers ou de simples hangars très-aérés où l'on ne fait jamais de feu; c'est aussi pour cela qu'on fait éclore les graines suivant que la température y pousse. Les vers, qui sont ensuite installés au rez-de-chaussée sur des nattes et aux étages supérieurs sur le plancher, ne sont jamais délités que lorsqu'il faut les espacer; ce qui, du reste, importe peu, attendu que les feuilles leur sont servies attachées aux branches, lesquelles sont croisées de manière à laisser facilement pénétrer l'air, qui dessèche rapidement les quelques feuilles qui ont pu ne pas être consommées. Comme on voit, les vers vivent et grandissent, en quelque sorte, à l'état sauvage, sauf que la nourriture ne leur fait jamais défaut et qu'ils sont abrités contre l'extrême intempérie. En vérité, ce système, si système il y a, comporte, ce semble, de très-bonnes conditions de réussite. Ainsi, l'éclosion n'a jamais lieu à contre-temps; les vers, qui ne sont jamais tourmentés pendant leurs mues, font, dans leur état normal, un exercice des plus salutaires, en grimpant de rameau en rameau; leur nourriture est toujours fraîche et exempte de mauvaise odeur, vu que les feuilles, restant attachées aux branches, ne sont jamais souillées par des mains sales. Ce qu'il y a enfin de plus heureux dans ces conditions d'hygiène toute naturelle, c'est que l'économie domestique séricicole y trouve aussi son compte; car il faut un moins grand nombre de personnes pour ramasser et distribuer les feuilles. En effet, il résulte du compte établi dans mon mémoire une économie d'environ 70 p. o/o. A ce seul point de vue, il conviendrait donc aux éducateurs de l'Occident d'adopter l'élevage au rameau. Pour les mêmes motifs, je penche aussi à croire qu'on ferait peut-être mieux de faire grainer à la turque, c'est-à-dire de prendre en race des cocons et de jeter pêle-mêle les papillons qui en sortent dans un grand sac, tenu *ad hoc* écarté au moyen de cercles sur lesquels on ferait reposer des branches de mûrier; il ne pourrait résulter évidemment qu'un bon grainage, il me semble, d'un système qui procurerait le mystère aux amours des papillons, qui, par le fait, s'accoupleraient plus naturellement. Il pourrait peut-être bien résulter de ce grainage quelque irrégularité lors de l'éclosion; mais que serait cet inconvénient en comparaison du dépérissement de races prédisposées à l'invasion de l'épidémie héréditaire par un ensemble de conditions trop éloignées de celles de la nature? . . . .

Je me résume : Pour moi, tout le secret du succès de l'éducation turque consiste d'abord dans l'alimentation par la feuille du sauvageon et son recepage annuel, et ensuite dans l'élevage au rameau, conditions qui toutes deux se rapprochent plus de la nature que ce qui est pratiqué en Occident. Les faits d'ailleurs ont une logique inflexible et concluante, et si la civilisation a surpris tant de secrets à la nature, n'est-il pas permis de croire qu'elle s'en est réservé quelques-uns pour nous ramener sans cesse à l'étude de ses lois et de ses phénomènes? Les résultats uniques de la campagne de 1859, au milieu des désastres de l'Occident, sont, il faut en convenir, un argument bien puissant en faveur des éducateurs turcs; et il est permis de croire que leur système a du bon, puisqu'il produit de pareils résultats, en opposition à ceux de l'Occident.

Je termine, Monsieur, en vous assurant de la vive gratitude que j'emporterai bientôt pour l'accueil bienveillant que j'ai reçu de vous. Je me serai convaincu une fois de plus, en vous voyant, que le vrai mérite est toujours simple et indulgent. Je serai trop heureux de soumettre dans la suite à vos lumières le résultat de mes études pratiques; et si elles arrivent à offrir quelque intérêt, elles le devront à vos inspirations et à vos bons conseils. Je ne saurais mieux faire que de les mettre sous votre patronage, pour leur faire faire bonne route. Veuillez donc, Monsieur, m'inscrire dans votre bon souvenir et agréer l'expression des sentiments tout particuliers que j'emporte et avec lesquels j'aurai toujours l'honneur d'être, Monsieur,

Votre très-obligé et tout dévoué serviteur.

B.-J. DUFOUR.

Paris, le 14 mars 1860.

www.ingramcontent.com/pod-product-compliance
Lightning Source LLC
LaVergne TN
LVHW012015160826
845678LV00002B/846

* 9 7 8 2 3 2 9 6 6 1 6 9 8 *